＊
아이에게 무언가 먹인다는 건
생각보다 힘든 일이었어요.
잘 먹는 날도 있었지만
어느 날은 음식을 먹이는 게
전쟁 같았습니다.

＊
먹기 싫다고 아이가 울고
끝내 엄마도 울고.
밥 먹는 건 평생인데
즐겁게 맛있게 먹었으면 해서
별난 밥상이 시작되었어요.

눈과 입을 사로잡는 밥태기 극복 레시피 40

우리 아이
사계절 별난 밥상

눈과 입을 사로잡는 밥태기 극복 레시피 40

우리 아이
사계절 별난 밥상

서은지 지음

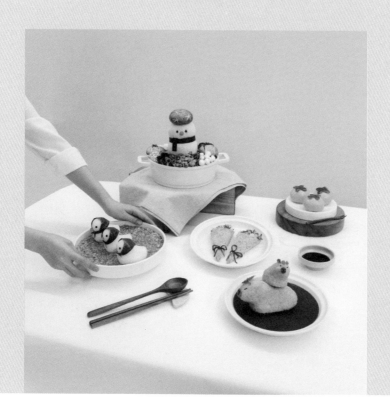

인스타그램
20만 팔로워
별난밥상
레시피북

누적 조회 수
2억 4천만 뷰
화제의 요리

누구나 쉽게
따라 하는
초간단
조리 과정

미공개
레시피 및 영상
QR코드
수록

티나

아이에게 무언가 먹인다는 건 생각보다 힘든 일이었어요. 잘 먹는 날도 있었지만 어느 날은 음식을 먹이는 게 전쟁 같았습니다. 먹기 싫다고 아이가 울고 끝내 엄마도 울고. 밥 먹는 건 평생인데 즐겁게 맛있게 먹었으면 해서 별난 밥상이 시작되었어요.

아이가 밥에 흥미를 갖고 재미있어 하자 요리가 즐거워졌습니다. 평범한 요리에 아이디어가 더해지고 노하우가 쌓이면서 우리의 별난 밥상은 더욱 다채로워졌습니다. 잘 먹이려고 시작했던 캐릭터 밥상이 일상을 담는 일기장, 특별한 날과 계절을 느낄 수 있는 달력이 되었어요.

캐릭터 요리는 매일의 평범한 밥상을 특별하게 만들어 줍니다. 주변에 흔히 보이는 식재료로 완성하는 예쁘고 재미있는 음식 덕분에 아이들은 밥 먹는 시간이 기다려지고 즐거워질 거예요. 요리 실력이 없다고 걱정하지 않으셔도 됩니다. 누군가를 위한 또는 나를 위한 요리를 어렵지 않게 만들 수 있도록 노하우를 아낌없이 담았습니다. 레시피가 어렵지 않아서 아이들과 같이 만들기도 좋을 거예요.

별난 밥상에 늘 환호하며 박수 쳐 준 우리 남편과 아들 주호 덕분에 오랜 시간 즐겁게 요리할 수 있었습니다. 정말 고맙습니다. 어떤 음식을 업로드해도 따뜻하게 예쁘다, 예쁘다 칭찬해 주신 인스타그램 친구분들 감사합니다. 책을 쓰고 싶다는 생각이 들었을 때 운명처럼 만난 문예춘사와 티나. 처음이라서 헤맸는데 많이 도와주시고 애써 주셔서 덕분에 책을 낼 수 있었습니다. 진심으로 감사드립니다.

포근한 봄날
별난밥상 서은지 드림

CONTENTS

① 레시피 영상
QR코드를 스캔해 보세요. 요리 과정을 짤막하게 편집했습니다. 영상과 함께 즐겁게 요리하세요.

② 난이도
요리를 시작하기 전에 난이도를 살펴보세요. 상 ♥♥♥, 중 ♥♥♡, 하 ♥♡♡로 나누어 표기했습니다.

③ 소요 시간
요리를 완성하는 데 소요되는 시간을 확인하세요. 10분 단위로 표기해 두었어요.

④ 조회 수
지금 만드는 요리가 얼마나 많은 사랑을 받았는지 궁금하다면 조회 수를 확인하세요.

⑤ 해시태그
간단한 해시태그로 레시피의 특징을 설명해 두었어요.

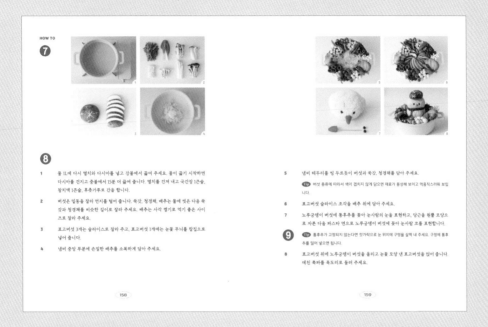

❽

1	물 1L에 다시 멸치와 다시마를 넣고 강불에서 끓여 주세요. 물이 끓기 시작하면 다시마를 건지고 중불에서 15분 더 끓여 줍니다. 멸치를 건져 내고 국간장 1큰술, 참치액 1큰술, 후춧가루로 간을 합니다.
2	버섯은 밑동을 잘라 먼지를 털어 줍니다. 쑥갓, 청경채, 배추는 물에 씻은 다음 쑥갓과 청경채를 비슷한 길이로 잘라 주세요. 배추는 사각 썰기로 먹기 좋은 사이즈로 잘라 주세요.
3	표고버섯 3개는 슬라이스로 잘라 주고, 표고버섯 1개에는 눈물 무늬를 칼집으로 넣어 줍니다.
4	냄비 중앙 부분에 손질한 배추를 소복하게 담아 주세요.

5	냄비 테두리를 빙 두르듯이 버섯과 쑥갓, 청경채를 담아 주세요.
	Tip 버섯 종류에 따라서 색이 겹치지 않게 담으면 재료가 풍성해 보이고 먹음직스러워 보입니다.
6	표고버섯 슬라이스 조각을 배추 위에 담아 주세요.
7	노무궁맹이 버섯에 통후추를 꽂아 눈사람의 눈을 표현하고, 당근을 원형 모양으로 자른 다음 파스타 면으로 노무궁맹이 버섯에 꽂아 눈사람 코를 표현합니다.
❾	**Tip** 통후추가 고정되지 않는다면 젓가락으로 눈 위치에 구멍을 살짝 내 주세요. 구멍에 통후추를 밀어 넣으면 됩니다.
8	표고버섯 위에 노무궁맹이 버섯을 올리고 눈꽃 모양 낸 표고버섯을 얹어 줍니다. 데친 쪽파를 목도리로 둘러 주세요.

❻ 재료 및 용량
재료와 용량을 기재했습니다. 건강한 캐릭터 요리를 완성하기 위해 어떤 제철 재료를 활용하는지, 색감은 어떤 재료로 표현하는지 정리했습니다.

❼ 요리 과정 이미지
모든 요리 과정은 사진으로 확인할 수 있습니다.

❽ 요리 과정 설명
요리를 시작하기 전에 8-9단계로 진행되는 요리 과정을 천천히 살펴보세요.

❾ Tip
요리할 때 알아 두면 좋은 **Tip** 을 기재했습니다. 색을 고르게 내는 방법이나 모양을 잡는 방법 등 별난 밥상만의 꿀 같은 **Tip** 을 놓치지 마세요.

자주 쓰는 도구

1. 계량컵과 계량스푼
많은 양의 액체나 가루는 계량컵으로 계량하고 소금이나 설탕, 참기름이나 고추장 등의 양념은 계량스푼으로 계량합니다.

2. 모양 내는 틀(쿠키 커터)
원모양, 꽃모양, 별모양 틀과 각종 쿠키 틀을 적절하게 활용해 요리에 디테일을 더하고 계절감을 표현합니다.

3. 김 펀치
김 펀치로 김을 자르면 캐릭터 요리의 눈, 코, 입을 만들 수 있어요.

4. 큰 빨대와 작은 빨대
치즈나 채소를 잘라서 작은 동그라미 모양을 낼 때 사용합니다. 캐릭터 눈의 흰자를 표현할 수 있습니다.

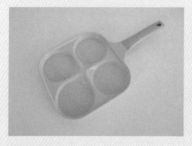

5. 에그팬
계란을 동그란 모양으로 일정하게 부치거나 적은 양의 다양한 재료를 한 번에 조리할 때 유용합니다.

6. 에어 프라이어와 전자레인지
대부분의 요리는 가스레인지로 완성할 수 있지만 몇몇 요리에는 에어 프라이어와 전자레인지가 필요합니다.

7. 핸드 블렌더 또는 믹서기

재료를 작게 다지거나 입자를 곱게 갈 때 사용합니다.

8. 위생 랩

위생 랩을 사용하면 모양을 수월하게 잡을 수 있습니다. 위생 랩으로 감싼 채 일정 시간을 두면 그 모양으로 고정되어요.

9. 작은 가위

재료를 원하는 모양으로 정확하게 자를 수 있습니다. 김 펀치나 모양 내는 틀이 없을 때 작은 가위로 모양을 낼 수 있어요.

10. 핀셋

작은 식재료를 놓치지 않고 잡을 수 있고, 요리 위에 세심하게 얹을 수 있습니다.

11. 작은 소스통

입구가 좁아서 원하는 모양으로 소스를 짤 수 있습니다. 캐릭터 볼에 케첩을 짜면 생기를 더할 수 있어요. 요리에 마요네즈를 소량 발라야 할 때 작은 소스통에 담아 사용하면 편합니다.

12. 천연 가루

캐릭터 요리를 할 때 색이 필요한 경우 먹을 수 있는 천연 가루를 사용합니다. 비트 가루로 빨간색, 카레 가루로 노란색, 백년초 가루로 분홍색, 청치자 가루로 파란색을 표현할 수 있습니다.

Spring

오리 강된장 덮밥

난이도   30분   189만   #눈오리의변신 #두건이포인트 #한그릇메뉴

'꽥꽥' 테이블 위에 귀여운 마스코트가 등장합니다.

케일 두건을 두른 밥오리가 구수한 강된장 위를 헤엄칩니다.

겨울에 사용한 눈오리 메이커를 봄에 깨워 밥오리를 만들어 보세요.

INGREDIENT

케일 2장

밥 2공기(약 420g)

소금 1/3큰술

참기름 1큰술

당근 20g

김밥김 1/4장

마요네즈 약간

두부 1/2모

양파 1/2개

대파 1/2개

표고버섯 2개

애호박 1/3개

고추장 1큰술

된장 1큰술

다진 마늘 1큰술

설탕 1/2큰술

물 300ml

1   케일을 반으로 잘라 데쳐 주세요.

2   밥에 소금 1/3큰술, 참기름 1큰술을 넣고 가볍게 섞어 줍니다. 눈오리 메이커에 위
        생 랩을 씌운 다음 밥오리를 만들어 주세요.

3   햄 치즈 커터로 당근을 잘라 주세요. 자른 당근을 2개 겹쳐 밥오리에 꽂아 부리를
        만듭니다.

4   김 펀치로 김을 자른 다음 마요네즈를 소량 발라 밥오리에 붙여 눈을 만들어 주
        세요.

5   데친 케일로 밥오리의 머리를 감싸고 턱 부분에서 묶어 줍니다.

6   두부 1/2모를 으깨고, 양파, 대파, 표고버섯, 애호박을 다져 주세요.

7   중불에서 으깬 두부와 다진 채소를 3분간 볶아 줍니다.

8   고추장, 된장, 다진 마늘, 설탕, 물을 넣고 15분 더 끓여 주세요.

9   강된장에 밥오리를 얹으면 완성입니다.

삼일절 태극기 비빔밥

난이도 **40분** **77만**

#삼일절 #대한독립만세 #애국레시피

3월 1일, 삼일절은 한민족이 일본의 식민 통치에 항거하고
한국의 독립 의사를 세계 만방에 알린 날입니다.
숭고한 이날을 되새기며 비빔밥에 태극기와 무궁화를 담았어요.

INGREDIENT

밥 2공기(약 420g)

무생채 40-50g

시금치 무침 40-50g

콩나물 무침 40-50g

애호박채 볶음 40-50g

고사리 볶음 40-50g

적채 볶음 40-50g

건시래기 볶음 40-50g

당근채 볶음 40-50g

도라지 볶음 40-50g

참나물 무침 40-50g

계란 2개

청치자 가루 1/2큰술

비트 가루 1큰술

슬라이스 햄 3장

검은콩 조림

비트물

물 1큰술

비트 가루 1/4큰술

1   10가지 나물을 준비합니다.

2   계란 2개를 깨서 흰자와 노른자를 분리합니다. 흰자는 2개의 계량컵에 나눠 담
고, 노른자는 함께 담아 주세요. 나눠 담은 흰자에 각각 청치자 가루 1/2큰술, 비
트 가루 1큰술을 섞어 주세요.

> **Tip** 흰자에 천연 가루를 넣고 핸드 블렌더나 믹서기로 섞은 후 체에 거르면 색이 고르게 나오
> 고 표면이 매끄럽게 구워집니다.

3   색을 낸 흰자를 에그팬에 약불로 구워 줍니다. 노른자는 볶아서 스크램블을 만들
어 주세요.

> **Tip** 비트는 열이 닿으면 색이 노랗게 변하기 때문에 뒤집지 말고 구워 주세요. 구워지는 과정
> 에서 빨간색이 제대로 표현되지 않을 경우 비트물을 발라 줍니다.

4   구워진 흰자 2개를 원모양 틀로 자르고, 태극 문양으로 잘라 주세요.

5   햄을 데친 다음 꽃모양 틀로 잘라 주세요. 비트물로 꽃 가운데를 물들입니다. 스
     크램블 에그를 고깔 모양으로 뭉쳐서 꽃에 올려 주세요.

6   사각 그릇 가운데에 밥을 담고, 남은 공간에 10가지 나물을 알록달록하게 담아 주
     세요.

7   태극 문양을 중앙에 올리고, 검은콩 조림으로 건곤감리를 표현합니다.

8   햄으로 만든 무궁화를 양쪽에 장식해 주세요.

꽃다발 어묵 전골

난이도　　**60분**　　**255만**　　　　#시원칼칼 #비주얼레시피 #홈파티메뉴

알록달록 꽃다발이 냄비에 가득합니다.

속이 빈 죽봉 어묵을 다양한 재료로 채워 취향껏 골라 먹는 재미가 있어요.

특별한 날 파티 요리로 제격입니다.

INGREDIENT

죽봉 어묵 20-25개

부추 30g

팽이버섯 30g

당근 1/3개

빨간색 파프리카 1/2개

노란색 파프리카 1/2개

무 1/4개

청고추 3개

홍고추 3개

햄 150g

대파 1개

배추 잎 부분 4장

청경채 잎 부분 8장

육수

물 1L

다시 멸치 10마리

다시마 10g

국간장 1큰술

참치액 1큰술

후춧가루 약간

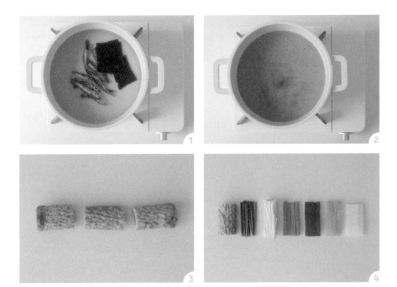

1   물 1L에 다시 멸치와 다시마를 넣고 강불에서 끓여 주세요. 물이 끓기 시작하면 다시마를 건지고 중불에서 15분 더 끓여 줍니다.

2   건더기를 건져 내고 국간장 1큰술, 참치액 1큰술, 후춧가루로 간을 합니다.

3   죽봉 어묵을 냄비 높이보다 2cm 정도 작게 잘라 주세요.

4   부추, 팽이버섯, 당근, 빨간 파프리카, 노란 파프리카, 무를 어묵 길이에 맞춰서 채 썰어 주세요.

5   청고추, 홍고추, 햄, 대파를 어묵 길이에 맞춰서 잘라 주세요.

6   배추와 청경채를 말아서 어묵에 넣을 수 있도록 어묵 길이에 맞춰서 넓게 잘라 주세요.

7   죽봉 어묵의 가운데 빈 공간을 손질한 재료로 채워 주세요. 배추와 청경채는 말아서 넣어 줍니다.

8   냄비 바깥 부분부터 빙 두르듯이 알록달록하게 채우고 육수를 부은 다음 끓이며 먹으면 됩니다.

     Tip 잘 익은 채소부터 먹는 것을 추천합니다.

무당벌레 연어 밥 머핀

난이도　　**30분**　　**6만**　　　#연어덮밥 #봄소풍도시락 #홈파티메뉴

동글동글 물방울무늬가 귀여운 무당벌레가 연어 밥 머핀에 날아 앉았어요.
무당벌레 머리 부분은 블랙 올리브로, 몸통 부분은 방울토마토로 표현해
보는 재미와 먹는 재미를 모두 잡았습니다.

INGREDIENT

밥 1공기(약 210g)

소금 약간

참기름 1큰술

김밥김 2장

방울토마토 3개

블랙 올리브 4개

바질 잎 6-8장

생연어 300g

연어 양념

올리브오일 1큰술

저염 간장 1큰술

마요네즈 2큰술

꿀 1큰술

다진 마늘 1큰술

후춧가루 약간

발사믹 글레이즈 약간

HOW TO

1   생연어를 한 입에 먹기 좋게 깍둑썰기로 잘라 주세요.

2   올리브 오일 1큰술, 저염 간장 1큰술, 마요네즈 2큰술, 꿀 1큰술, 다진 마늘 1큰술,
     후춧가루를 조금 넣어 양념합니다.

3   김을 4등분해 잘라 줍니다.

4   소금 1꼬집, 참기름 1큰술 넣어 밥을 양념하고 4등분한 김 위에 올려 주세요.

5   밥 부분이 위로 올라오도록 위치를 잡고 머핀 틀에 넣어 줍니다.

6   밥 위에 양념한 연어를 올리고 에어 프라이어에 180도로 15분 동안 구워 주세요.

7   방울토마토와 블랙 올리브를 반으로 자릅니다. 방울토마토에는 칼집을 넣어 살짝 벌려 주세요.

8   연어 밥 머핀이 한 김 식으면 바질 잎을 올립니다. 그 위에 블랙 올리브와 방울토마토를 올리고 작은 소스통에 넣은 발사믹 글레이즈로 물방울무늬를 표현해 주세요.

카피바라 시금치 카레

난이도

40분

3575만

#영양가득 #조회수폭발 #한그릇메뉴

싱그러운 빛깔의 시금치 카레 위에 노곤노곤한 카피바라가 앉아 있습니다.
사랑이 많은 매력적인 동물 친구 카피바라를 테이블 위에서도 만나 보세요.

INGREDIENT

밥 1공기 반(약 315g)

간장 1/2큰술

참기름 1/2큰술

중국 간장 1큰술

마요네즈 약간

양파 1/2개

시금치 300g

우유 200ml

카레 가루 50g

유부 1장

검은깨 약간

김밥김 1/4장

어린잎 2장

1 올리브 오일을 두르고 채썬 양파를 볶아 줍니다. 전체적으로 갈색빛이 돌 때까지
   30분 정도 중약불에서 볶아 주세요.

2 시금치를 넣고 시금치의 숨이 죽을 때까지 중불에서 볶아 주세요.

3 우유를 넣고 핸드 블렌더나 믹서기로 갈아 줍니다.

4 카레 가루를 넣고 중불에서 끓여 주세요. 카레가 바닥에 눌어붙지 않게 저어 가
   며 끓입니다. 카레가 끓어 오르면 불을 꺼 주세요.

5 밥에 간장 1/2큰술, 참기름 1/2큰술을 넣어 양념해 주세요. 유부 1장을 중국 간장
   에 10분간 재워 둡니다.

6   밥을 2:1 비율로 나눠 사진과 같은 모양으로 뭉치고, 위생 랩으로 감싸 줍니다.

> **Tip** 카피바라의 몸통과 머리를 각각 뭉친 다음 붙이면 쉽게 만들 수 있습니다.

7   중국 간장으로 물들인 유부를 가위로 잘라서 귀와 주둥이를 표현합니다. 마요네즈를 사용해 주둥이를 붙이고, 귀는 반으로 접어 꽂아 주세요.

8   검은깨로 작은 카피바라의 눈과 콧구멍을 표현합니다. 김 펀치로 입을 표현해 주세요. 마요네즈를 소량 발라 붙여 줍니다. 큰 카피바라의 눈은 김 펀치로 자른 김으로 표현해 주세요. 카피바라 머리에 어린잎을 올립니다.

9   시금치 카레에 완성한 카피바라를 얹어 주세요.

꽃다발 샌드위치

난이도 **30분** **39만** #계란샌드위치 #봄이왔나봄 #봄소풍도시락

꽃이 아름답게 만개하는 봄날에 잘 어울리는 요리를 소개합니다.

봄소풍 도시락 메뉴로 추천하는 꽃다발 샌드위치예요.

알록달록 봄꽃을 도시락 속에도 담아 보세요.

INGREDIENT

계란 4개

통밀 식빵 3장

슬라이스 햄 1장

체다 치즈 1장

무색소 체다 치즈 1장

맛살 1개

당근 슬라이스 2-3조각

빨간색 파프리카 1/4개

노란색 파프리카 1/4개

적채 1장

민트 잎 약 3g

부추 3개

샌드위치 양념

마요네즈 4큰술

홀그레인 머스터드 1큰술

꿀 1큰술

소금 약간

후춧가루 약간

1   계란 4개를 삶아 주세요.

2   꽃모양 틀과 빨대로 햄과 치즈, 맛살, 각종 채소를 찍어 꽃을 만들어 주세요.

3   으깬 계란에 마요네즈 4큰술, 홀그레인 머스터드 1큰술, 꿀 1큰술을 넣고, 소금과
      후춧가루를 1꼬집 넣어 섞어 주세요.

4   통밀 식빵 테두리를 칼로 잘라 내고 밀대로 식빵을 납작하게 밀어 줍니다.

5   고깔 모양으로 빵을 접을 거예요. 식빵 끝에 마요네즈를 발라 고깔 모양이 고정
     될 수 있도록 눌러 주세요.

6   고깔 모양으로 접은 식빵 안을 계란 샐러드로 채워 주세요.

7   계란 샐러드 위에 만들어 둔 꽃과 민트 잎을 올려 주세요.

8   고깔 아랫부분에 삶은 부추로 리본을 묶어 주세요.

별난 마트

고등어

원산지 : 별난밥상

고등어 밥

난이도	30분	865만

#반전매력레시피 #만우절에디션 #홈파티메뉴

가벼운 장난이나 거짓말도 즐거운 만우절.

손님을 깜빡 속일 수 있는 요리를 준비했어요.

비린내가 날 것 같지만 고소한 참기름 향을 풍기는 고등어 밥입니다.

매콤한 소스를 품은 반전 매력이 돋보이는 요리예요.

INGREDIENT

밥 1공기(약 210g)

소금 약간

참기름 1/2큰술

캔 참치 70g

마요네즈 1큰술

고추장 1/2큰술

김밥김 1장

참기름 1큰술

무색소 슬라이스 치즈 1장

검은깨 가루 1/2큰술

청치자물

물 2큰술

청치자 가루 1/4큰술

HOW TO

1   기름기 뺀 참치에 마요네즈 1큰술, 고추장 1/2큰술을 넣어 섞어 주세요.

2   밥 1공기에 참기름 1/2큰술, 소금 1꼬집을 넣고 섞어 주세요.

3   위생 랩 위에 간을 한 밥 3/4공기를 넓게 펴고 1에서 만든 고추장 참치 마요를 얹
    어 줍니다. 밥을 위생 랩으로 감싸면서 뾰족한 타원 모양을 만들어 주세요. 고등
    어 몸통이 될 거예요.

4   간을 한 밥 1/4공기로 고등어의 지느러미와 꼬리를 만들어 주세요.

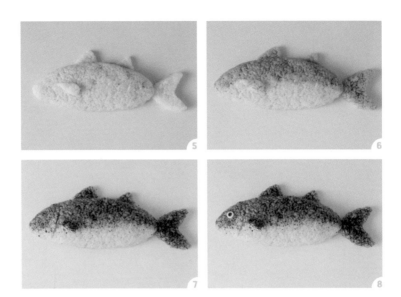

5   고등어 몸통에 지느러미와 꼬리를 붙여 주세요.

6   실리콘 오일 브러시로 청치자물을 고등어 등과 지느러미, 꼬리에 발라 주세요.

7   검은깨 가루를 발라 명암을 더하고, 참기름을 전체적으로 발라 주세요. 아가미 부분에 칼집을 넣어 줍니다.

8   원모양 틀로 치즈를 찍고, 김 펀치로 김을 잘라서 고등어 눈을 붙여 줍니다.

꽃다발 덮밥

난이도 ♥♥♥   **40분**   **10만**

#특별한하루 #로맨틱레시피 #한그릇메뉴

먹을 수 있는 특별한 꽃다발로 로맨틱한 테이블을 완성해 보는 건 어떨까요?
백년초를 활용해 분홍색으로 물들인 밥은 맛과 영양 모두 놓치지 않았습니다.
풍성한 꽃잎을 만드는 방법도 알려 드릴게요.

INGREDIENT		
밥 1공기(210g)	**소불고기**	
토마토 1개	소불고기용 소고기 150g	
당근 1/2개	진간장 2.5큰술	
오이 1/2개	맛술 2큰술	
계란 2개	설탕 2큰술	
슬라이스 햄 4장	다진 마늘 1/2큰술	
쌈무 12장	참기름 1큰술	
소면 1가닥	후춧가루 약간	
참나물 2줄기		
파르팔레 1개	**백년초물**	
비트 가루 2큰술	물 1/2큰술	
굵은소금 1/2큰술	백년초 가루 1큰술	

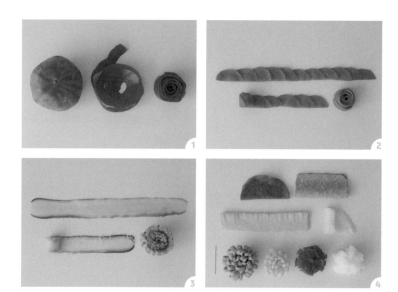

1 토마토 껍질을 길고 얇게 잘라서 돌돌 말아 주세요.

2 당근을 반달 모양으로 썰어서 굵은소금에 30분 절이고 수분을 짜냅니다. 평평한
   부분이 아래로 가도록 길게 펼친 다음 돌돌 말아 주세요.

3 오이를 필러로 얇게 저민 다음 가로로 길게 펼칩니다. 윗부분에 칼집을 넣고 돌
   돌 말아 주세요.

4 계란 2개로 지단을 만든 다음 슬라이스 햄과 동일한 높이로 잘라 줍니다. 쌈무,
   슬라이스 햄, 계란 지단을 반으로 접어 접힌 부분에 칼집을 넣고 말아 주세요. 소
   면을 적당한 크기로 잘라 고정합니다.

   Tip 지단은 얇게 부칠수록 말 때 부서지지 않습니다. 쌈무는 4장 이상 이어서 말아야 볼륨이
   있습니다. 시판 쌈무에 비트 가루를 넣어 물들이면 색감이 더욱 화려해집니다.

5   밥에 백년초물을 섞고, 볶은 소불고기를 준비해 주세요.

6   그릇에 소불고기를 역삼각형 모양으로 담아 주세요.

7   소불고기 위에 밥을 포장지 모양으로 덮어 줍니다.

8   포장지 윗부분에 참나물을 깔아 줍니다. 만들어 둔 꽃으로 장식하고 삶아 둔 파르팔레를 올려 주세요.

당근 농장 소보로 덮밥

난이도	40분	11만

#당근풍년 #식목일레시피 #엄마랑아이랑

귀여운 토끼들이 열심히 당근 농사를 지었어요.

식사 전에는 당근 심기 놀이를, 식사 중에는 당근 수확 놀이를 즐길 수 있답니다.

당근 농장에서 식목일의 의미를 되짚어 보세요.

INGREDIENT

밥 2공기(약 420g)

돼지고기 300g

당근 1개

딜 3g

메추리알 4개

마요네즈 약간

체다 치즈 1장

무색소 체다 치즈 1장

간장 3큰술

굴소스 1큰술

참기름 1큰술

다진 마늘 1큰술

맛술 2큰술

설탕 1/2큰술

후춧가루 1/3큰술

검은깨 8개

1   간장, 굴소스, 참기름, 다진 마늘, 맛술, 설탕, 후춧가루로 양념장을 만든 다음 다진 돼지고기에 섞어 줍니다. 달궈진 팬에 기름을 두르고 중약불에서 3분간 볶아 주세요.

2   당근을 깎아서 3-4cm 크기의 미니 당근을 만들고, 꼬치로 윗부분에 구멍을 낸 다음 딜을 넣어 당근 잎을 만들어 주세요.

3   삶은 메추리알을 사진과 같이 잘라 뾰족한 토끼 귀를 만듭니다.

4   메추리알 위에 칼집을 낸 다음 뾰족하게 자른 귀를 넣어 줍니다. 검은깨에 마요네즈를 발라서 눈을 붙여 주세요.

5   꽃모양 틀과 원모양 틀로 치즈를 찍어 꽃을 만들어 주세요.

6   그릇에 밥을 물결 모양으로 담아 주세요. 밭의 고랑과 이랑을 표현했어요.

7   밥이 보이지 않도록 돼지고기 볶음을 올려 주세요.

8   밭이랑에 당근을 심고 토끼와 꽃을 올려 주세요.

만두피 딸기 바구니

난이도　　**30분**　　**7만**

#츄러스맛 #아이간식 #홈파티메뉴

바삭한 만두피 바구니에 달콤한 생크림을 듬뿍 담고
상큼한 딸기를 얹으면 딸기 바구니 완성!
계절이 바뀔 때마다 제철 과일을 만두피 바구니에 담아 보세요.
다채로운 디저트를 맛볼 수 있어요.

INGREDIENT

만두피 7장
버터 20g
황설탕 2큰술
시나몬 1큰술
생크림 100g
노란색 초콜릿 펜

하얀색 초콜릿 펜
딸기 3개

1   만두피 2장에 녹인 버터를 발라 주세요. 만두피 1장을 1cm 간격으로 길게 잘라 줍니다.

2   황설탕과 시나몬을 섞어 시나몬 설탕을 만들어 주세요. 만두피 1장에 시나몬 설탕을 적당히 올리고 다른 만두피로 덮어 줍니다.

3   머핀 틀에 1에서 자른 길쭉한 만두피를 둥글게 담고, 2에서 만든 만두피를 사진과 같이 담아 줍니다. 에어 프라이어에 180도로 8-9분 정도 구워 주세요.

4   딸기를 반으로 잘라 주세요.

5   유산지 위에 초코펜으로 꽃을 그리고 굳혀서 꽃모양 초콜릿을 만들어 주세요.

6   한 김 식힌 만두피에 휘핑한 생크림을 채웁니다.

7   반으로 자른 딸기와 꽃모양 초콜릿을 올려 주세요.

8   아치형으로 구운 만두피를 손잡이 모양으로 올려 주세요.

Summer

아이스크림 밥도그

난이도 **30분** **51만**   #바삭바삭 #누룽지맛 #남녀노소레시피

무더운 여름에 가장 먼저 떠오르는 간식은 아이스크림이죠.

아이스크림인 척하는 밥도그를 소개합니다.

녹아서 흘러내리는 아이스크림을 치즈로 표현했어요.

모양 때문일까요? 먹다 보면 더위가 싹 가신답니다.

INGREDIENT

밥 1공기(약 210g)

간장 1큰술

참기름 1큰술

소시지 2개

스트링 치즈 1개

데리야끼 소스 3큰술

무색소 슬라이스 치즈 1장

잘게 다진 노란색 파프리카 2g

잘게 다진 빨간색 파프리카 2g

잘게 다진 초록색 피망 2g

HOW TO

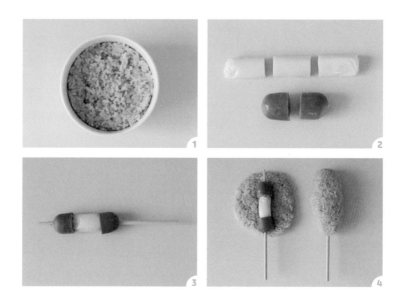

1   밥 1공기에 간장 1큰술, 참기름 1큰술을 넣고 섞어 주세요.

2   스트링 치즈를 3등분, 데친 소시지를 2등분해서 잘라 줍니다.

3   꼬치에 소시지와 치즈를 사진과 같이 꽂아 주세요.

4   소시지와 치즈를 꽂은 꼬치를 양념한 밥으로 감싸 주세요.

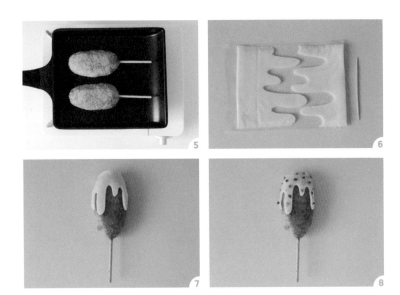

5   실리콘 오일 브러시로 팬에 식용유를 바르고 밥도그를 약불에서 15-20분 구워 줍
    니다. 실리콘 오일 브러시를 사용해 데리야끼 소스를 앞뒤로 발라 가며 2분간 더
    구워 주세요.

6   이쑤시개를 이용해 슬라이스 치즈를 흘러내리는 모양으로 잘라 주세요.

7   구워진 밥도그 위에 슬라이스 치즈를 얹어 감싸 줍니다.

8   다진 파프리카와 피망을 치즈 위에 알록달록하게 올려 주세요.

조개 스팸 두부 구이

난이도 **20분** **7만**   **#영양가득 #스팸의변신 #홈파티메뉴**

어린 시절 바닷가에서 조개껍데기를 주웠던 추억을 떠올리며 만들었어요.

햄으로 조개껍데기를, 두부로 조갯살을 표현했습니다.

두부 안에 특별한 재료를 숨겨 놓고 찾아 보는 놀이를 해도 재미있을 것 같아요.

INGREDIENT   캔 햄 340g

두부 1/2모

HOW TO

1   햄 슬라이서로 햄을 잘라 주세요.

2   햄에 뜨거운 물을 부어서 기름기를 제거합니다. 이 과정은 생략해도 괜찮아요.

3   조개 모양 쿠키 틀로 햄을 찍어 주세요.

4   칼집을 넣어 조개 무늬를 표현합니다.

5   사진과 같이 햄 안에 재료를 넣을 수 있도록 칼집을 냅니다.

6   물기를 뺀 두부 1/2모를 곱게 으깨 주세요.

7   햄 안에 으깬 두부를 넣어 주세요.

8   에어 프라이어에 180도로 10분간 구워 주세요.

Tip 으깬 두부에 채소를 다져 넣으면 맛도 더욱 좋아지고 영양소도 풍부해집니다.

불가사리 인절미 토스트

난이도   **20분**   **4만**   **#숨은불가사리찾기 #겉바속쫀 #엄마랑아이랑**

바닷속 작은 별 불가사리를 테이블에서 만나 보세요.

인절미를 품은 불가사리 토스트에 콩가루를 듬뿍 뿌립니다.

해변이 궁금해서 올라온 불가사리를 맞이하러 갈까요?

INGREDIENT   식빵 5장   무염 버터 20g

인절미 3개   초콜릿 펜(컬러 무관)

콩가루 1/2컵   눈알 모양 스프링클

1   식빵 테두리를 잘라 내고 밀대로 납작하게 밀어 주세요.

2   납작하게 민 식빵을 별모양 쿠키 틀로 잘라 주세요.

3   인절미를 1cm 크기로 깍둑썰기해 주세요.

4   별모양으로 자른 빵 위에 깍둑썰기한 인절미를 올려 주세요.

5 인절미를 또 다른 별모양 빵으로 덮고 빵 끝부분을 포크로 눌러 2장의 빵을 붙여
   주세요.

6 중약불에 버터를 녹이고 빵을 올려서 앞뒤로 노릇노릇하게 구워 주세요.

7 구워진 빵에 콩가루를 골고루 묻혀 주세요.

8 중탕한 초콜릿 펜으로 눈알 모양 스프링클 뒷면에 초콜릿을 바르고 빵 위에 붙여
   주세요.

모래성 콩가루 밥

난이도

20분

3만

#맛난모래놀이 #여름추억 #엄마랑아이랑

테이블 위에서도 모래성을 만들 수 있어요.

고소한 콩가루 밥으로 모래성을 쌓다 보면

어린 시절 바닷가에서 모래성을 만들던 추억이 떠오릅니다.

요리 과정이 모래 놀이를 하는 과정과 꼭 닮아서 아이와 함께하기 좋아요.

INGREDIENT

밥 2공기(약 420g)

설탕 1큰술

소금 약간

콩가루 1컵

무색소 슬라이스 치즈 1장

마요네즈 약간

1   밥 2공기에 설탕 1큰술, 소금 1꼬집, 콩가루 1/2컵을 넣고 섞어 주세요.

2   콩가루 밥을 3:2:1 비율로 나눠 주세요.

3   가장 큰 콩가루 밥과 중간 크기 콩가루 밥을 원통 모양으로 뭉쳐 주세요. 가장 작은 콩가루 밥은 1.5cm 크기의 네모 모양으로 뭉쳐서 15개 정도 만들어 줍니다.

        Tip 반듯한 모양으로 만들기보다 살짝 비뚤게 만들어야 모래성 느낌이 더 살아납니다.

4   원통 모양으로 뭉친 밥 위에 작은 네모를 붙여 주세요.

5   가장 큰 콩가루 밥 위에 중간 크기 콩가루 밥을 쌓아서 모래성 모양으로 만듭니다.

6   모래성 겉부분에 남은 콩가루를 듬뿍 묻혀 주세요.

7   슬라이스 치즈를 별모양 틀로 잘라 불가사리를 만들어 주세요.

8   불가사리 치즈에 마요네즈를 살짝 발라서 모래성 벽면에 붙여 주세요. 모래성 위에 깃발을 꽂으면 분위기가 더 살아나요.

소시지 문어 파스타

난이도 **30분** **7만**

#소시지파도타기 #표정이포인트 #한그릇메뉴

소시지로 귀여운 문어를 만들고 파도치는 파스타 위에 올려 주세요.

쫄깃한 소시지와 감칠맛 좋은 파스타가 식욕을 돋웁니다.

슬라이스 치즈로 문어 표정을 만드는 게 포인트예요.

INGREDIENT

소시지 5개

파스타 면 60가닥

물 1L

소금 1큰술

양파 40g

파프리카 30g

당근 40g

주키니 호박 30g

올리브 오일 1큰술

토마토 소스 400g

슬라이스 치즈 1장

김밥김 1/4장

해군 모자 도시락 픽 2개

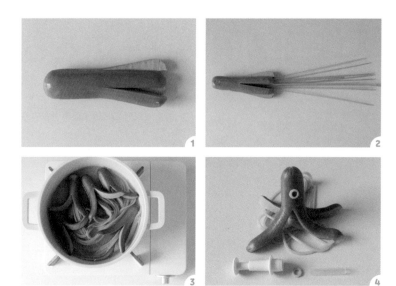

1   소시지 중간까지 십자 모양으로 칼집을 넣어 주세요.

2   칼집을 넣은 부분에 파스타 면 12가닥을 꽂아 주세요.

3   물 1L에 소금 1큰술을 넣고 끓여 주세요. 물이 끓어 오르면 중불로 바꾸고 파스타 면이 꽂힌 소시지를 넣어 10분간 끓여 주세요.

4   슬라이스 치즈를 원모양 틀로 찍어 동그라미를 만들고 원모양 틀보다 지름이 작은 빨대로 동그란 치즈를 찍어 링을 만듭니다. 소시지 위쪽에 붙여 문어 입을 표현해 주세요.

5 김 펀치로 김을 잘라 소시지 위쪽에 붙여 눈을 만들어 주세요.

6 양파, 파프리카, 당근, 주키니 호박을 잘게 다져 주세요.

7 냄비에 올리브 오일을 1큰술 두르고 중불에서 채소를 넣고 5분간 볶아 주세요. 토마토 소스를 붓고 끓이다가 소스가 끓어 오르면 불을 꺼 주세요.

8 접시에 토마토 소스를 담고 위에 문어 파스타를 올려 주세요. 젓가락으로 토마토 소스를 찍어서 소시지 문어 볼에 콕콕 찍어 바르고, 해군 모자 도시락 픽을 꽂아 주세요.

꽃게 소시지 빵

난이도   **20분**   **19만**

#언더더씨 #아이간식 #맛보장레시피

탱글한 소시지에 계란물 바른 식빵을 두르면 바다 친구 꽃게가 완성되어요.

뾰족한 집게와 땡그란 눈이 귀여움을 더합니다.

여름 방학 간식으로 만들어 보세요.

INGREDIENT   소시지 6개   파스타 면 2가닥

식빵 1 개   초콜릿 펜(컬러 무관)

무염 버터 10g   눈알 모양 스프링클 8개

계란 1개

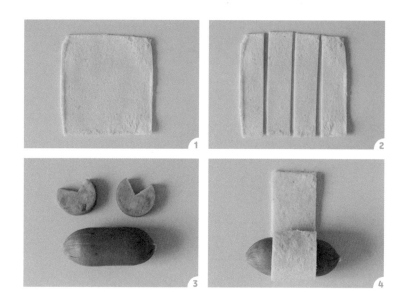

1   식빵 테두리를 칼로 잘라 내고 밀대로 식빵을 납작하게 밀어 줍니다.

2   납작한 식빵을 4등분으로 잘라 주세요.

3   소시지 1개를 가로로 두고 양쪽에 칼집을 3개씩 내 꽃게의 몸통을 표현합니다. 다
    른 소시지를 둥근 원형으로 얇게 썬 다음 사진처럼 잘라 집게를 만들어 주세요.

4   계란 1개를 풀어 만든 계란물을 자른 식빵 위에 바르고 소시지를 올린 다음 돌돌
    말아 줍니다.

5 파스타 면을 3cm 길이로 잘라서 사진과 같이 집게발과 눈 위치에 꽂아 주세요.

6 **3**에서 자른 집게를 파스타 면에 꽂아 주세요.

7 빵에 계란물을 바르고 에어 프라이어에 180도로 7-8분간 구워 주세요.

8 **5**에서 꽂아 둔 파스타 면에 중탕한 초콜릿 펜으로 초콜릿을 바른 후, 눈알 모양 스프링클을 붙여 주세요.

   Tip 빵가루를 담은 접시에 꽃게 소시지를 얹으면 해변 분위기를 연출할 수 있어요.

수박바 토스트

난이도   10분   2246만

#여름간식 #조회수폭발 #엄마랑아이랑

여름 하면 가장 먼저 떠오르는 과일, 수박을 색다르게 만들었어요.

식빵으로 수박바 모양의 틀을 잡고 잼으로 빨간 부분을,

키위로 하얀 부분을 표현했답니다. 수박씨는 무엇으로 표현했을까요?

파티 메뉴로도 손색없는 수박바 토스트를 함께 만들어요.

INGREDIENT   식빵 7장   해바라기 씨 초콜릿 42개

키위 2개   무염 버터 50g

딸기잼 7큰술

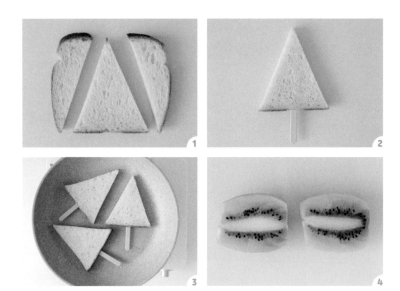

1   식빵을 사진과 같이 삼각형 모양으로 잘라 주세요.

2   아이스크림 스틱을 빵에 꽂아 주세요.

3   달궈진 팬에 버터를 녹이고, 중약불에서 식빵의 한쪽 면만 2-3분 동안 노릇하게 구워 주세요.

4   키위 껍질을 벗기고 반으로 잘라 주세요.

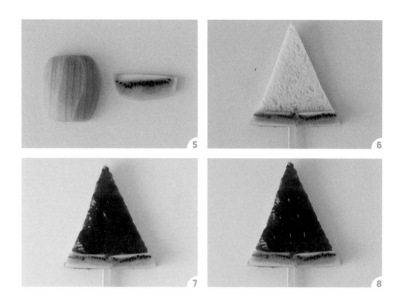

5   반으로 자른 키위를 길게 슬라이스해 줍니다.

6   키위의 하얀색 부분이 위로, 초록색 부분이 아래로 오도록 위치를 잡아 빵 위에
    올리고 식빵 바깥쪽으로 나오는 키위는 잘라 주세요.

7   키위를 올리고 남은 부분에 딸기잼 1큰술을 올려서 펴 바릅니다.

8   해바라기 씨 초콜릿을 올려서 수박씨를 표현해 주세요.

고양이 망고 빙수 카레

난이도　　**30분**　　**3만**　　#빙수야카레야 #제철레시피 #한그릇메뉴

빙수일까, 카레일까? 달콤한 망고 빙수를 쏙 빼닮은 감자 카레예요.
포실포실한 햇감자를 듬뿍 넣어 기력을 보충해 보세요.
포인트가 되는 고양이를 만드는 방법도 알려 드립니다.

INGREDIENT

밥 1공기(약 210g)

감자 6-7개

양파 2개

우유 200ml

카레 가루 50g

올리브 오일 2큰술

매시드 포테이토

소금 1/2큰술

후춧가루 약간

무염 버터 50g

우유 20g

고양이 꾸미기

아몬드 2알

김밥김 1장

HOW TO

1   감자는 깍둑썰기로, 양파는 채썰기로 썰어 주세요.

2   손질한 감자를 냄비에 넣고 감자가 잠기도록 물을 부은 뒤, 소금 1/2큰술을 넣고
        강불로 끓입니다. 물이 끓어 오르면 중불에서 10분간 끓여 주세요. 익은 감자를
        건져 내고 감자 끓인 물은 남겨 둡니다.

        Tip 젓가락으로 감자를 찔렀을 때 쑥 들어가면 잘 익은 것입니다.

3   감자 1/3을 그릇에 담고 곱게 으깨 주세요. 으깬 감자에 소금과 후춧가루 1꼬집,
        버터 50g, 우유 20g을 넣고 섞어 주세요.

4   냄비에 올리브 오일 2큰술을 두르고 채썬 양파를 볶아 주세요. 전체적으로 갈색
        빛이 돌 때까지 30분 정도 중약불에서 볶아 캐러멜라이징 양파를 만듭니다.

5 캐러멜라이징 양파가 잠길 만큼 감자 끓인 물을 넣고 핸드 블렌더로 갈아 주세요.

6 우유 200ml, 카레 가루 50g을 넣고 카레가 끓어 오르면 불을 끈 후 삶은 감자 2/3 를 넣어 섞어 주세요.

7 빙수 그릇에 밥을 담고 카레를 얹어 줍니다. 아이스크림 스푼으로 **3**에서 만든 매 시드 포테이토를 담아 카레 위에 올려 주세요.

8 매시드 포테이토에 아몬드 2개를 꽂아 고양이 귀를, 김 펀치로 고양이 눈, 코, 입 과 수염을 만들어 주세요.

야자수 롤 샌드위치

난이도 **20분** **4만**   #아삭아삭 #영양가득 #엄마랑아이랑

더위가 기승을 부릴 때면 야자수 그늘 아래에서
파도 소리를 감상하며 쉬고 싶죠. 여름 휴가와 잘 어울리는 메뉴를 소개해요.
돌돌 말린 샌드위치라 먹기 편하고 아삭아삭 씹히는 식감으로
먹는 내내 즐거워요. 샌드위치 위에 파프리카를 얹으면서
중심 잡기 놀이도 할 수 있답니다.

INGREDIENT   통밀 식빵 3장   양파 30g

노란색 파프리카 30g   캔 참치 90g

피망 2개   마요네즈 2큰술

당근 30g   머스터드 소스 1큰술

HOW TO

1　파프리카, 당근, 양파를 잘게 다져 주세요.

2　참치를 체에 넣고 수저로 꾹꾹 눌러 기름기를 제거해 주세요.

3　다진 채소와 기름기 뺀 참치를 그릇에 담고 마요네즈 2큰술, 머스터드 소스 1큰술을 넣고 섞어 주세요.

4　통밀 식빵 테두리를 칼로 잘라 내고 밀대로 납작하게 밀어 주세요.

5   납작하게 민 통밀 식빵 위에 샌드위치 속을 올리고 돌돌 말아 주세요.

6   롤 샌드위치를 위생 랩으로 감싸서 10분간 고정해 줍니다.

7   피망을 반으로 썬 다음 사진과 같이 뾰족뾰족하게 잘라 주세요.

8   롤 샌드위치 양 끝을 깔끔하게 잘라 낸 후 세로로 세워 줍니다. 샌드위치 위에 뾰족하게 자른 피망을 올려서 야자수를 만들어 주세요.

     Tip 피망과 샌드위치를 같이 먹어도 좋고, 샌드위치 속을 많이 만들어 피망 위에 올려 먹어도 맛있습니다.

해적선 수박 화채

난이도

30분

5만

#여름디저트 #새콤달콤 #홈파티메뉴

여름의 대미를 장식할 간식이에요.

수박 해적선에 새콤달콤한 과일을 잔뜩 담아 모험을 떠나 보는 건 어떨까요?

여름날 파티 메뉴로 안성맞춤인 해적선 수박 화채를 함께 만들어 보아요.

INGREDIENT

수박 6kg
블루베리 100g
파인애플 100g
키위 2개

사이다 500ml
무색소 슬라이스 치즈 1장
어묵 꼬치용 꼬치 2개
마 끈 30cm

HOW TO

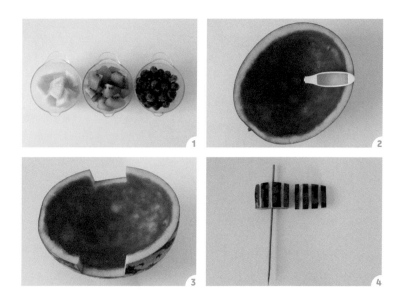

1 파인애플과 키위는 껍질을 벗겨 한 입 크기로 자르고, 블루베리는 흐르는 물에 세척해 줍니다.

2 수박을 반으로 자른 후 과일 스푼으로 수박 속을 파내어 주세요.

3 사진과 같이 수박 옆면을 잘라 줍니다.

4 수박 껍질을 4×5(cm) 크기로 2개 자른 후 칼집을 넣어 줄무늬 모양을 표현합니다. 모양 낸 수박 껍질을 꼬치에 꽂아 주세요.

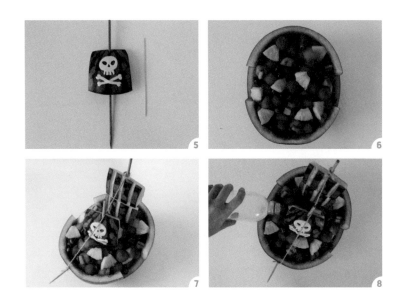

5 수박 껍질을 5×6(cm) 크기로 자른 후 꼬치에 꽂아 주세요. 이쑤시개로 치즈를 해골 모양으로 자른 후 수박 껍질 위에 붙입니다.

6 속을 파낸 수박 안에 2에서 동그랗게 파낸 수박, 1에서 손질한 과일을 넣어 주세요.

7 꼬치를 반으로 자른 다음 수박 앞부분에 꽂아 주세요. 4, 5에서 만든 꼬치를 적당한 위치에 꽂아 돛을 표현합니다. 마 끈으로 꼬치를 묶으면 실감 나는 해적선이 완성됩니다.

8 과일이 가득 담긴 수박에 사이다를 부어 주세요.

Autumn

밤 떡갈비 참나물 파스타

난이도 **30분** **3만**

#영양가득 #표정이포인트 #한그릇메뉴

향긋하고 산뜻한 가을 채소 참나물로 파스타를 만들고,

그 위에 밤 모양 떡갈비를 얹어 가을철 영양을 챙겨 보세요.

참나물의 신선한 향과 달콤하고 고소한 떡갈비가 조화를 이루는 요리예요.

INGREDIENT

다진 돼지고기 150g

다진 소고기 150g

간장 3큰술

설탕 2큰술

참기름 1/2큰술

맛술 1/2큰술

다진 마늘 2큰술

후춧가루 약간

참나물 100g

파스타 면 100g

물 1L

소금 1큰술

참치액 1큰술

식초 1큰술

들기름 1큰술

체다 치즈 1장

무색소 슬라이스 치즈 1장

케첩 약간

1   다진 소고기와 다진 돼지고기를 핸드 블렌더로 갈아 준 다음 간장 2큰술, 설탕
    1/2큰술, 참기름 1/2큰술, 맛술 1/2큰술, 다진 마늘 1/2큰술, 후춧가루를 조금 넣
    어 섞어 주세요.

2   떡갈비 반죽을 삼각형 모양으로 3개 빚어 주세요.

3   에어 프라이어에 180도로 8분간 굽고, 뒤집어서 8분 구워 주세요.

4   원형 틀을 이용해 사진과 같이 체다 치즈를 자르고 떡갈비 위에 올려 줍니다.

5 　무색소 슬라이스 치즈를 원모양 틀로 찍어 흰자를 표현하고, 김 펀치로 눈동자와
입을 만든 다음 볼에 케첩을 찍어 주세요.

6 　물 1L에 소금 1큰술을 넣고 끓여 주세요. 물이 끓어 오르면 파스타 면을 넣고 10분
동안 끓여 주세요. 불을 끄고 잘라 둔 참나물을 넣어 섞어 줍니다.

7 　파스타 면과 참나물을 건져 볼에 담고, 참치액 1큰술, 간장 1큰술, 식초 1큰술, 설
탕 1큰술, 다진 마늘 1큰술, 들기름 1큰술을 넣어 섞어 주세요.

8 　그릇에 파스타를 담고 떡갈비를 올리면 완성입니다.

도토리 바질 크림 떡볶이

난이도 ♥♥♡   **30분**   **5만**   #도토리토핑 #풍미일품 #아이간식

고유의 향이 매력적인 바질 크림 떡볶이 위에

소시지와 미트볼로 표현한 도토리를 살포시 얹어 주세요.

연둣빛 잔디에 떨어진 도토리 같답니다.

맛과 향, 모양까지 일품인 간식이에요.

INGREDIENT

미트볼 반죽

다진 돼지고기 60g

다진 소고기 100g

간장 1/2큰술

참기름 1/2큰술

다진 마늘 1/3큰술

소시지 3개

파스타 면 1가닥

양파 1/2개

베이컨 3줄

다진 마늘 1/3큰술

우유 200ml

생크림 100ml

바질 페스토 2큰술

떡볶이 떡 300g

김밥김 1/4장

슬라이스 치즈 2장

케첩 약간

HOW TO

1 다진 돼지고기와 다진 소고기를 핸드 블렌더로 갈아 줍니다. 간장 1/2큰술, 참기름 1/2큰술, 다진 마늘 1/3큰술을 섞어 40g씩 동그랗게 뭉쳐 미트볼을 만들어 주세요. 소시지는 반으로 자르고 파스타 면은 6등분으로 잘라 줍니다.

2 달궈진 에그팬에 올리브 오일을 두르고 약불에서 파스타 면을 2분, 소시지를 4분 동안 구워 줍니다. 미트볼은 물을 1큰술씩 넣어서 10분 동안 익혀 주세요.

3 미트볼을 반으로 자르고 소시지 위에 올려 줍니다. 파스타 면을 꽂아 고정해 주세요.

4 원모양 틀로 치즈를 찍어서 흰자를 표현하고, 김 펀치로 눈동자와 입을 만든 다음 볼에 케첩을 찍어 주세요.

5   달궈진 팬에 올리브 오일을 두르고 중불에서 채썬 양파와 한 입 크기로 자른 베이
컨을 4분 동안 볶아 주세요.

6   우유 200ml, 생크림 100ml를 붓고 떡볶이 떡을 넣어 끓여 줍니다.

7   떡이 말랑해지면 치즈와 바질 페스토 2큰술을 넣고 2분간 끓여 주세요.

8   그릇에 바질 크림 떡볶이를 담고 도토리를 올려 줍니다.

Tip 바질 잎을 얹으면 상큼한 분위기를 연출할 수 있습니다.

단감 주먹밥

난이도　　**20분**　　**최초 공개**　　**#영양가득 #추석선물세트 #남녀노소레시피**

영양소가 풍부한 멸치와 고소한 땅콩으로 만든 주먹밥을 체다 치즈로 코팅해요.

가을을 대표하는 과일 단감이 완성됩니다.

주먹밥 6개를 만들어 추석 선물 세트처럼 표현했어요.

이번 추석에는 단감 주먹밥으로 마음을 표현해 보면 어떨까요?

INGREDIENT

밥 2공기(약 420g)

당근 20g

피망 20g

땅콩 20g

잔멸치 20g

소금 약간

체다 치즈 6장

피망 1개

멸치 볶음 양념

식용유 1/2큰술

간장 1/2큰술

올리고당 1/2큰술

1   피망, 당근, 땅콩을 다져 주세요.

2   달군 팬에 식용유를 두르고 당근과 피망을 중불에서 3분간 볶아 주세요.

3   달궈진 마른 팬에 잔멸치 20g을 중약불에서 1-2분간 볶아 주세요. 볶은 멸치를 덜어 둔 후 팬에 식용유 1/2큰술, 간장 1/2큰술, 다진 땅콩, 볶은 멸치를 넣고 중약불에서 3분간 볶아 줍니다. 불을 끈 다음 올리고당 1/2큰술 넣어 섞어 주세요.

4   밥 2공기에 볶은 당근과 피망, 볶은 멸치를 넣고 섞어 주세요.

5 밥을 동그랗게 뭉쳐서 주먹밥 6개를 만듭니다.

6 주먹밥에 체다 치즈를 올려서 전자레인지에 10초씩 끊어서 2번 돌려 주세요. 치즈가 주먹밥을 매끄럽게 감쌀 수 있도록 매만지며 모양을 잡아 줍니다.

7 작은 가위로 피망을 감 꼭지 모양으로 잘라 주세요. 2cm 크기가 적당합니다.

8 감 꼭지 모양으로 자른 피망을 주먹밥 위에 올려 주세요.

독도 품은 떡갈비 밥

난이도　　**20분**　　**최초 공개**　　#독도는우리땅 #애국레시피 #감칠맛메뉴

10월 25일은 독도의 날이에요.

독도가 대한민국 영토임을 천명하기 위해 제정한 날이죠.

이날을 기념하기 위해 독도 품은 떡갈비를 만들었어요.

떡갈비 위에 파슬리 가루를 뿌려 섬을 표현하고 태극기를 꽂아 주면

영양 만점 독도 품은 떡갈비 밥이 완성되어요.

INGREDIENT

밥 1공기(약 210g)

파프리카 30g

애호박 30g

양파 30g

김치 40g

올리브 오일 1/2큰술

참기름 1큰술

다진 소고기 140g

다진 돼지고기 140g

간장 2큰술

맛술 1큰술

설탕 1/2큰술

다진 마늘 1/2큰술

후춧가루 약간

파슬리 가루 3-5g

1   파프리카와 애호박, 양파, 씻은 김치를 다져 주세요.

2   달군 팬에 올리브 오일을 두르고 중불에서 3분간 볶아 주세요.

3   밥에 볶은 채소와 참기름 1/2큰술을 넣고 섞어 주세요.

4   밥을 2:1 비율로 나눠서 사진처럼 아래는 평평하고 위는 동그랗게 뭉쳐 주세요.

5   다진 소고기와 다진 돼지고기를 핸드 블렌더나 믹서기로 갈고 그릇에 담아서 간
    장 2큰술, 맛술 1큰술, 설탕 1/2큰술, 참기름 1/2큰술, 다진 마늘 1/2큰술, 후춧가루
    를 조금 넣고 섞어 주세요.

6   뭉쳐 놓은 밥을 고기 반죽으로 감싸 주세요.

7   에어 프라이어에 170도로 15분간 익힌 후 180도에서 10분 더 익혀 줍니다.

8   독도 섬 위에 파슬리 가루를 뿌리고 프린트 한 태극기를 꼬치에 붙여서 꽂아 주
    세요.

유령 김치 볶음밥

난이도　　**30분**　　**311만**　　　#귀염뽀짝 #핼러윈데이 #홈파티메뉴

감칠맛 좋은 김치 볶음밥과 고소한 치즈의 조합은 맛이 없을 수 없죠.

김치 볶음밥 위에 구멍을 송송 낸 치즈를 올리면 귀여운 유령이 완성됩니다.

마녀 모자를 만드는 노하우도 알려 드릴게요.

INGREDIENT	밥 1공기(약 210g)	통깨 1/2큰술
	김치 1컵	무색소 슬라이스 치즈 5장
	대파 1/2개	김밥김 1장
	고춧가루 1큰술	메추리알 2개
	참기름 1큰술	
	설탕 1큰술	
	진간장 1/2큰술	

HOW TO

1   김치와 대파를 다져 주세요.

2   달궈진 팬에 식용유를 두르고 중불에서 다진 대파를 3분간 볶아 주세요. 다진 김
            치를 넣고 4분간 볶다가 밥 1공기, 고춧가루 1큰술, 참기름 1큰술, 설탕 1큰술, 진
            간장 1/2큰술, 통깨 1/2큰술을 넣고 2분 더 볶아 줍니다.

3   소주잔에 김치 볶음밥을 담고 빼내서 사진처럼 모양을 잡아 주세요.

4   원모양 틀과 빨대로 사진과 같이 치즈에 구멍을 냅니다.

5   김치 볶음밥 위에 치즈를 올리고 전자레인지에 10초 돌려 주세요.

6   김을 가로 7cm 세로 5cm의 반원 모양으로 잘라 줍니다. 그 위에 치즈를 올리고 고
       깔 모양으로 말아 주세요.

7   지름 5cm 원형으로 자른 김 위에 6에서 만든 김을 올려 주세요. 치즈를 0.5cm 너
       비로 잘라 고깔모자 테두리에 두릅니다. 대파 조각을 붙여 포인트를 더하세요.

8   5에서 만든 김치 볶음밥 위에 메추리알 프라이와 7에서 만든 고깔모자를 얹어 줍
       니다.

마녀 모자와 빗자루

난이도 **40분** **37만**

#마녀준비물 #핼러윈데이 #홈파티메뉴

핼러윈 파티 메뉴로 더없이 좋은 요리입니다.

마녀 웃음 소리가 들릴 것만 같아요.

검은깨로 마녀 모자의 색감을 표현하고,

스트링 치즈와 막대 과자로 빗자루를 만들었어요.

어른 아이 할 것 없이 즐기는 재미있는 요리예요.

INGREDIENT

밥 1공기(약 210g)

참기름 1큰술

소금 약간

캔 참치 85g

마요네즈 1큰술

후춧가루 약간

검은깨 가루 1컵

김밥김 1/2장

스트링 치즈 2개

막대 과자 4개

익힌 부추 4개

1 체에 걸러서 기름기를 뺀 참치에 마요네즈 1큰술, 참기름 1/2큰술, 후춧가루를 조금 넣고 섞어 주세요.

2 밥에 참기름 1/2큰술, 소금 1꼬집 넣어 섞어 주세요.

3 짤주머니에 밥을 넣은 다음, 가운데에 공간을 만들어 주세요. 빈 공간에 참치를 넣고 고깔 모양으로 만들어 줍니다.

　　　　Tip 짤주머니 대신 위생팩 모서리 부분에 밥과 참치를 넣어도 괜찮아요.

4 김을 지름 5cm 크기로 동그랗게 자르고 위에 밥을 펴 바릅니다.

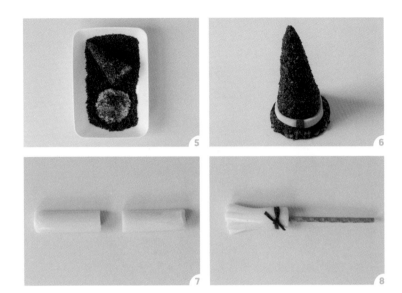

5   **3**과 **4**에 검은깨 가루를 묻혀 주세요.

6   마요네즈를 소량 발라 마녀 모자 모양으로 고정하고, 치즈를 0.5cm 너비로 잘라
    고깔모자 테두리에 두릅니다. 익힌 부추로 포인트를 더해 주세요.

7   스트링 치즈를 반으로 자릅니다.

8   스트링 치즈 끝에 칼집을 넣고 막대 과자를 꽂아 줍니다. 익힌 부추로 묶어 주세요.

유령 충무 김밥

난이도

30분

93만

#매콤달콤 #충무김밥의변신 #핼러윈데이

충무 김밥을 핼러윈 버전으로 재해석해 보았어요.

오징어와 어묵을 빨갛게 무치고 하얀 무로 유령을 표현합니다.

김밥을 물방울 모양으로 만들면 금방이라도 장난 칠 것 같은 유령이 완성됩니다.

INGREDIENT	밥 1공기(약 210g)	오징어 어묵 무침 양념
	참기름 1큰술	고춧가루 2큰술
	맛술 1큰술	참치액 2큰술
	소금 약간	설탕 1큰술
	김밥김 2장	올리고당 1큰술
	슬라이스 무 3개	진간장 1/2큰술
	납작 어묵 2장	다진 마늘 1큰술
	오징어 1마리	통깨 1큰술
	슬라이스 햄 1장	대파 1/2컵

1   어묵 2장을 한 입 크기로 자른 다음 끓는 물에 30초간 데쳐 주세요.

2   끓는 물에 맛술 1큰술, 소금 1꼬집을 넣고 한 입 크기로 자른 오징어를 1분간 데쳐 주세요.

3   0.5cm 두께로 자른 무를 유령 모양 쿠키 틀로 잘라 내고 빨대로 구멍을 내서 유령의 눈과 입을 표현합니다.

4   데친 어묵과 데친 오징어에 고춧가루, 참치액, 설탕, 올리고당, 진간장, 다진 마늘, 통깨, 대파를 넣고 섞어 주세요. 그릇에 오징어 어묵 무침을 담고 무로 만든 유령을 올려 줍니다.

5 밥에 참기름 1큰술과 소금 1꼬집을 넣고 섞어 주세요.

6 김밥김에 밥을 올려 주세요. 아랫부분에 밥을 더 도톰하게 쌓아 옆에서 보면 물방울 모양이 되도록 합니다.

7 물방울 모양을 유지하며 말고 칼로 잘라 주세요.

8 김 펀치, 슬라이스 햄, 케첩을 이용해 유령의 표정을 다양하게 만들어 주세요.

미라 소시지 파스타

난이도   **30분**   **4217만**   #오싹오싹 #조회수폭발 #홈파티메뉴

파스타 면을 돌돌 두른 미라 소시지예요.

탱글한 소시지에 파스타 면을 콕콕 찔러 만드는 재미,

돌돌 말린 파스타를 맛있게 먹는 재미가 있는 메뉴입니다.

만드는 과정도 먹는 과정도 무척 즐거워요.

INGREDIENT

소시지 6개

파스타 면 120-150가닥

양파 40g

파프리카 30g

당근 30g

주키니 호박 30g

토마토 소스 250g

파슬리 가루 3g

물 1.5L

소금 1큰술

올리브 오일 3큰술

127

1 양파, 당근, 파프리카, 주키니 호박 등 채소를 다져 주세요.

2 달궈진 팬에 올리브 오일을 두르고 다진 채소를 넣어 중불에서 3분간 볶은 다음, 토마토 소스를 넣고 5분간 저어 가며 끓입니다.

3 소시지에 파스타 면을 20-25가닥 꽂아 주세요.

4 물 1.5L에 소금 1큰술을 넣고, 물이 끓으면 파스타 면이 꽂힌 소시지를 넣고 중불에서 10분간 끓여 주세요.

5   파스타 면을 펼친 후 실리콘 오일 브러시로 올리브 오일을 발라 줍니다.

6   소시지를 굴려서 파스타 면을 돌돌 말아 줍니다.

7   원모양 틀로 찍은 치즈와 김 펀치로 자른 김으로 미라 눈을 만들어 주세요.

8   그릇에 미라 소시지를 담고 소스를 얹은 다음 파슬리 가루를 뿌려 주세요.

핼러윈 꼬치 어묵탕

난이도

60분

328만

#유령모임 #핼러윈데이 #캠핑메뉴

선선한 바람이 불면 뜨끈한 국물 요리가 생각나죠.

보글보글 냄비에 핼러윈 주인공이 모였어요.

유령, 잭오랜턴, 미라, 마녀 빗자루까지! 꼬치를 꺼낼 때마다 즐거워요.

핼러윈 파티 요리로 손색없는 꼬치 어묵탕입니다.

INGREDIENT	국탕용 종합 어묵 1봉지	어묵탕 육수
	봉어묵 2개	물 1.2L
	죽봉 어묵 2개	다시마 6g
	익힌 부추 4개	다시 멸치 10마리
	0.3cm 슬라이스 당근 4개	국간장 1큰술
	0.5cm 슬라이스 무 2개	참치액 1큰술
	0.5cm 슬라이스 새송이버섯 5개	후춧가루 약간
	검은 파스타 면 1가닥	

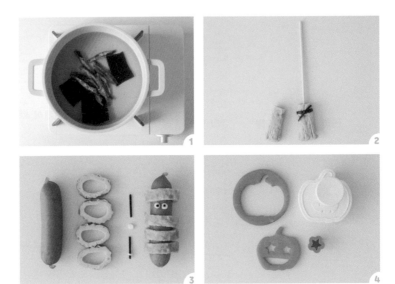

1   물 1.2L에 다시 멸치와 다시마를 넣고 강불에서 끓여 주세요. 물이 끓기 시작하면 다시마는 건져 내고 중불에서 15분간 끓여 주세요. 다시 멸치를 건져 내고 국간장 1큰술, 참치액 1큰술, 후춧가루를 조금 넣어 줍니다.

2   봉어묵을 반으로 자르고 어묵 끝에 세로로 칼집을 넣어 줍니다. 칼집이 들어가지 않은 부분에 꼬치를 꽂아서 익힌 부추로 어묵을 묶어 주세요.

3   0.2cm 두께로 자른 죽봉 어묵을 소시지에 끼워 주세요. 빨대로 새송이버섯을 둥글게 찍어 소시지에 올린 다음 검은 파스타 면으로 고정해 미라의 눈을 표현합니다.

4   0.3cm 슬라이스 당근을 호박 모양 쿠키 틀로 잘라 내고, 별모양 틀로 찍어 눈을 만듭니다. 칼로 입 부분을 잘라 주세요.

5   0.5cm 슬라이스 무를 유령 모양 쿠키 틀로 찍고, 빨대로 눈과 입을 만들어 주세요.

6   0.5cm 슬라이스 새송이버섯을 물방울 모양으로 오려 줍니다. 빨대로 눈과 입을 만들어 주세요.

7   남은 어묵을 꼬치에 꽂아 주세요.

8   냄비에 어묵과 채소를 담고 육수를 부은 다음 끓여 줍니다.

빼빼로 가래떡 구이

난이도

30분

최초 공개

#가래떡의변신 #영양가득 #아이간식

11월 11일은 빼빼로 데이이자 가래떡 데이예요.

가래떡을 빼빼로 모양으로 만들어 두 기념일을 한 번에 챙기는 건 어떨까요?

가래떡에 떡갈비와 베이컨, 치즈를 얹어 영양소도 풍부해요.

INGREDIENT

가래떡 3개
베이컨 2줄
치즈 1장
케첩 약간
참깨 약간
깻잎 1장
레인보우 스프링클 1g
다진 땅콩 5g

떡갈비 반죽

다진 소고기 40g
다진 돼지고기 30g
간장 1/2큰술
맛술 1/2큰술
참기름 1/2큰술
다진 마늘 1/3큰술

1   다진 소고기와 다진 돼지고기를 핸드 블렌더로 갈고, 간장 1/2큰술, 맛술 1/2큰술, 참기름 1/2큰술, 다진 마늘 1/3큰술 넣고 섞어 주세요.

2   가래떡 2/3 부분까지 떡갈비 반죽으로 감싸 주세요.

3   베이컨 2줄로 또 다른 가래떡을 감싸 줍니다.

4   팬에 식용유를 두르고 가래떡을 올린 다음 약불에서 10-15분간 구워 주세요.

5   구운 가래떡을 치즈로 감싼 다음 레인보우 스프링클을 얹어 주세요.

6   떡갈비 부분에 다진 땅콩을 묻혀 주세요.

7   베이컨 부분에 케첩을 삼각형 모양으로 올리고 참깨를 얹어 딸기를 표현합니다.

8   작은 가위로 깻잎을 딸기 꼭지처럼 잘라 케첩 위에 얹어 줍니다.

9   각각 아몬드 빼빼로, 딸기 빼빼로, 치즈 빼빼로로 완성되었어요.

Winter

펭귄 순두부 덮밥

난이도 **40분** **366만**

#따끈따끈 #겨울맞춤 #한그릇메뉴

눈처럼 뽀얀 순두부 위에 산타 모자를 쓴 아기 펭귄이 앉아 있어요.

아기 펭귄은 얼굴과 몸통 색이 달라 더욱 귀엽죠.

몸통은 검은깨를 섞어 회색으로 표현합니다.

INGREDIENT

밥 2공기(약 420g)

검은깨 가루 1큰술

참기름 3큰술

소금 약간

순두부 1봉지

대파 1개

계란 2개

간장 1큰술

굴소스 1큰술

통깨 1큰술

김밥김 1장

대추 방울토마토 1개

무색소 슬라이스 치즈 1장

슬라이스 당근 1개

맛살 1개

소면 1가닥

1 달군 팬에 올리브 오일을 두르고 중불에서 다진 대파를 3분간 볶아 주세요. 순두부를 넣고 계란 2개를 풀어 부은 다음 계란이 익을 때까지 볶아 주세요. 간장 1큰술, 굴소스 1큰술, 참기름 1큰술을 넣어서 2분 볶고, 불을 끈 다음 통깨를 뿌립니다.

2 검은깨 가루 1큰술, 참기름 1큰술 섞은 밥 1공기와 참기름 1큰술, 소금 1꼬집 섞은 밥 1공기를 준비해 주세요.

3 사진과 같이 밥을 뭉쳐서 펭귄 얼굴, 몸통, 날개를 만들어 줍니다.

4 김을 반으로 자른 다음 한 번 접어 줍니다. 사진과 같이 반쪽 하트 모양으로 김을 잘라 주세요. 자른 김을 펼쳤을 때 하트 모양이 나오면 됩니다.

5 자른 김을 펼쳐서 소금 간을 한 밥 위에 올려 주세요.

6   위생 랩으로 감싸 김이 밥에 잘 붙도록 고정합니다.

7   김 펀치를 이용해서 눈을 만들고 치즈 커터로 당근을 잘라 입을 만들어 주세요.

8   펭귄 몸통에 날개를 붙이고, 펭귄 얼굴을 올려 주세요. 반으로 자른 대추 방울토
            마토에 0.5cm로 자른 치즈를 두르고, 동그랗게 뭉친 치즈를 토마토 위에 올려 모
            자를 표현합니다. 맛살은 붉은색 부분만 펭귄 목에 두르고 소면으로 고정합니다.

9   그릇에 순두부를 담고 펭귄을 올려 주세요.

크리스마스 소떡소떡

난이도 **30분** **197만**

#쫄깃탱글 #영양가득 #홈파티메뉴

탱글한 소시지와 쫄깃한 가래떡으로

루돌프, 산타, 눈사람 소떡소떡을 만들어요.

누구나 좋아하는 맛있는 간식 소떡소떡의

크리스마스 레시피를 소개합니다.

INGREDIENT

소시지 4개
가래떡 7개

소떡소떡 소스
고추장 1/5큰술
케첩 2큰술
물엿 1큰술

소떡소떡 꾸미기
김밥김 1/4장
슬라이스 치즈 1장
무색소 슬라이스 치즈 1장
케첩 약간

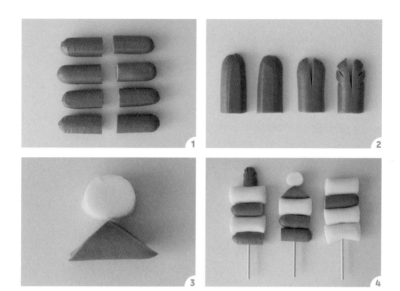

1   소시지를 반으로 잘라 주세요.

2   반으로 자른 소시지 8개 중 2개를 세로로 한 번 더 잘라 줍니다. 2개 중 1개를 사진과 같이 Y자 모양이 되도록 윗부분에 칼집을 넣은 다음 바깥쪽에 사선으로 칼집을 넣어 주세요.

3   또 다른 소시지를 삼각형 모양으로 자르고, 가래떡을 썰어서 동그라미를 만들어 주세요.

4   '소시지-가래떡-소시지-가래떡-**2**에서 만든 소시지' 순서로 꼬치에 꽂아 주세요. '소시지-소시지-가래떡-**3**에서 만든 것' 순서로 꼬치에 꽂아 주세요. '가래떡-가래떡-소시지-가래떡' 순서로 꼬치에 꽂아 줍니다.

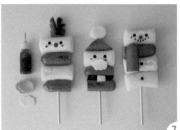

5 달궈진 팬에 식용유를 두르고 소떡소떡을 약불에서 앞뒤로 뒤집어 가며 10분간 구워 주세요.

6 김 펀치로 김을 잘라 눈과 입을 표현합니다. 김을 0.5cm 너비로 소시지 길이에 맞춰 잘라 주세요. 산타 소떡소떡에 얹어 벨트를 표현합니다. 네모로 자른 치즈를 벨트 중앙에 올려 디테일을 더해 주세요. **2**에서 자른 소시지를 눈사람 소떡소떡에 얹어 목도리를 표현합니다.

7 구름 모양 틀로 찍은 치즈를 산타 위에 올려 수염을 표현하고, 케첩으로 루돌프 코, 눈사람 코를 만듭니다. 뺨에도 콕콕 찍어 주세요.

8 고추장 1/5큰술, 케첩 2큰술, 물엿 1큰술을 섞어 양념을 만듭니다. 양념을 산타 모자와 옷, 눈사람 목도리에 발라 주세요.

크리스마스트리 꼬치전

난이도   **20분**   **39만**   #동서양의조화 #산적의변신 #남녀노소레시피

우리나라 전통 요리 중 하나인 꼬치전(산적)과 크리스마스트리가 만났어요.

크리스마스 분위기와 잘 어울리는 꼬치전입니다.

오이고추와 파프리카로 아삭한 식감을 더했어요.

INGREDIENT   김밥 햄 2개   새송이버섯 1개

단무지 2개   오이고추 2개

애호박 1/2개   부침가루 1컵

맛살 2개   계란 2개

HOW TO

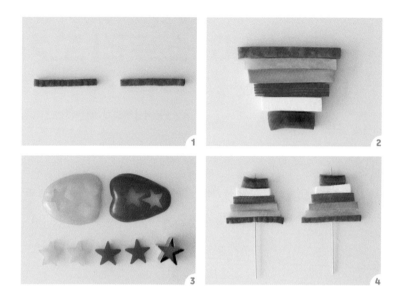

1   김밥 햄을 반으로 잘라 주세요.

2   김밥 햄에 맞춰서 꼬치전 재료를 점점 작게 잘라 주세요.

         Tip 김밥 햄-단무지-애호박-맛살-새송이버섯-오이고추 순서로 꽂으면 예쁜 색감으로 완성할 수 있습니다.

3   별모양 쿠키 틀로 파프리카를 별모양으로 만들어 주세요.

4   잘라 둔 재료를 꼬치에 꽂아 주세요.

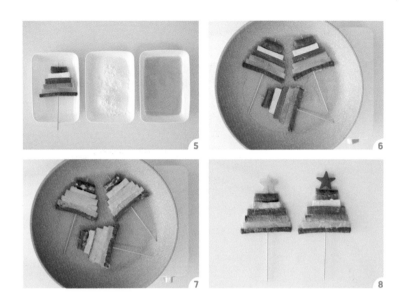

5 부침가루는 뒷면에만 묻히고 계란 2개를 풀어 만든 계란물은 양쪽에 묻혀 주세요.

6 식용유를 넉넉히 두르고 중불에서 부쳐 주세요.

7 계란물만 묻은 쪽은 살짝만 익혀 줍니다.

8 부친 꼬치전에 별모양으로 잘라 둔 파프리카를 꽂아 주세요.

> **Tip** 어린이용은 오이고추를 피망으로 대체합니다. 어른용은 오이고추 대신 청양고추를 넣어도 매콤해서 별미예요.

루돌프 팬케이크

난이도

20분

20만

#루돌프핫도그 #아이간식 #홈파티메뉴

노릇하게 구운 팬케이크를 돌돌 말아 루돌프를 만들어요.
소시지로 루돌프 뿔, 방울토마토로 반짝이는 코를 표현했어요.
팬케이크 안에는 스트링 치즈를 넣어 고소한 맛과 쫄깃한 식감을 더했답니다.

INGREDIENT

스트링 치즈 2개

소시지 2개

팬케이크 믹스 2컵

계란 1개

우유 90ml

방울토마토 2개

김밥김 1/4장

마요네즈 약간

1 소시지를 세로로 길게 잘라 줍니다. Y자 모양이 되도록 윗부분에 긴 칼집을 냅니
다. 사진과 같이 소시지 바깥쪽에 사선으로 칼집을 넣어 주세요. 스트링 치즈는 3
등분으로 잘라 주세요.

2 1에서 모양을 낸 소시지를 끓는 물에 데쳐 주세요.

3 팬케이크 믹스 2컵에 우유 90ml, 계란 1개를 넣어 팬케이크 반죽을 만들어 주세요.

4 약불로 에그팬을 달구고 식용유를 소량 바른 다음 팬케이크 반죽을 부어 주세요.

　　Tip 팬케이크 반죽을 두껍지 않게 부어야 모양이 예쁘게 나옵니다.

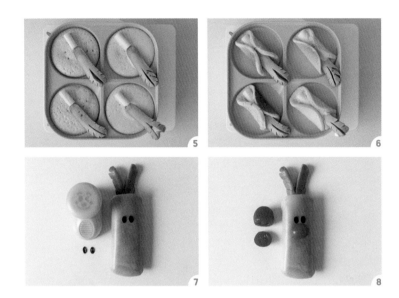

5   반죽에 기포가 올라오면 스트링 치즈와 소시지를 올려 주세요. 소시지의 평평한
       쪽이 위를 향하도록 합니다.

6   팬케이크로 스트링 치즈와 소시지를 감싸듯 접고, 뒤집어서 익혀 줍니다.

7   김 펀치로 눈을 만들고, 마요네즈로 붙여 주세요.

8   방울토마토를 잘라서 팬케이크에 올려 루돌프 코를 표현합니다.

눈사람 버섯 전골

난이도　　**40분**　　**707만**　　　#보글보글 #영양가득 #홈파티메뉴

눈 내리는 겨울날에는 뜨끈한 전골이 제격이죠.

갖은 버섯을 듬뿍 넣고 보글보글 끓이며 먹다 보면 몸도 마음도 따뜻해집니다.

든든한 한 끼 식사로 손색없는 눈사람 버섯 전골이에요.

INGREDIENT

쑥갓 10g

청경채 1장

갈색 만가닥 버섯 100g

새송이버섯 2개

배추 200g

하얀색 만가닥 버섯 100g

팽이버섯 100g

느타리버섯 100g

표고버섯 4개

노루궁뎅이버섯 2개

당근 1개(2cm×2cm 크기)

통후추 2알

데친 쪽파 약간

파스타 면 1가닥

물 1L

다시 멸치 10마리

다시마 10g

국간장 1큰술

참치액 1큰술

후춧가루 약간

HOW TO

1 물 1L에 다시 멸치와 다시마를 넣고 강불에서 끓여 주세요. 물이 끓기 시작하면 다시마를 건지고 중불에서 15분 더 끓여 줍니다. 멸치를 건져 내고 국간장 1큰술, 참치액 1큰술, 후춧가루로 간을 합니다.

2 버섯은 밑동을 잘라 먼지를 털어 줍니다. 쑥갓, 청경채, 배추는 물에 씻은 다음 쑥 갓과 청경채를 비슷한 길이로 잘라 주세요. 배추는 사각 썰기로 먹기 좋은 사이 즈로 잘라 주세요.

3 표고버섯 3개는 슬라이스로 잘라 주고, 표고버섯 1개에는 눈꽃 무늬를 칼집으로 넣어 줍니다.

4 냄비 중앙 부분에 손질한 배추를 소복하게 담아 주세요.

5 냄비 테두리를 빙 두르듯이 버섯과 쑥갓, 청경채를 담아 주세요.

> **Tip** 버섯 종류에 따라서 색이 겹치지 않게 담으면 재료가 풍성해 보이고 먹음직스러워 보입니다.

6 표고버섯 슬라이스 조각을 배추 위에 담아 주세요.

7 노루궁뎅이 버섯에 통후추를 꽂아 눈사람의 눈을 표현하고, 당근을 원뿔 모양으로 자른 다음 파스타 면으로 노루궁뎅이 버섯에 꽂아 눈사람 코를 표현합니다.

> **Tip** 통후추가 고정되지 않는다면 젓가락으로 눈 위치에 구멍을 살짝 내 주세요. 구멍에 통후추를 밀어 넣으면 됩니다.

8 표고버섯 위에 노루궁뎅이 버섯을 올리고 눈꽃 모양 낸 표고버섯을 얹어 줍니다. 데친 쪽파를 목도리로 둘러 주세요.

크리스마스트리 빵

난이도 ♥♡♡   **30분**   **943만**

마늘과 버터, 부추로 만든 소스가 식욕을 돋우는 메뉴예요.

바삭한 빵과 탱글한 소시지 식감은 서로 무척 잘 어울립니다.

크리스마스가 지나기 전에 만들어 보세요.

INGREDIENT

식빵 8장

소시지 2개

무색소 슬라이스 치즈 4장

체다 치즈 1장

부추 20g

무염 버터 30g

다진 마늘 1큰술

꿀 1큰술

다진 파프리카 10g

HOW TO

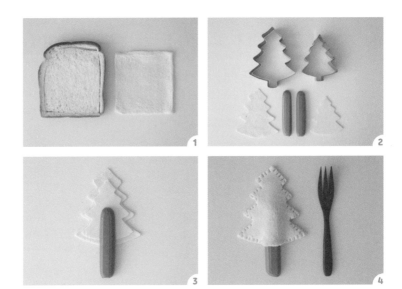

1   식빵 테두리를 잘라 내고 밀대로 납작하게 밀어 주세요.

2   크리스마스트리 모양 쿠키 틀로 식빵과 치즈를 찍어 냅니다. 치즈는 식빵보다 작은 쿠키 틀로 찍어 주세요. 소시지는 세로로 길게 반으로 잘라 줍니다.

3   식빵 위에 치즈를 얹은 다음 소시지를 올려 주세요.

4   그 위를 식빵으로 덮고 빵 테두리를 포크로 눌러 줍니다.

5   부추를 다지고, 버터는 완전히 녹을 때까지 전자레인지로 10초씩 나눠 돌려 주세요.

6   녹인 버터에 다진 부추, 다진 마늘 1큰술, 꿀 1큰술 넣어 섞어 주세요.

7   빵 위에 부추 소스를 바르고 다진 파프리카 조각을 올려 주세요.

8   에어 프라이어에서 180도로 7-8분 구워 낸 후, 별모양 틀로 찍은 치즈를 크리스마스트리 빵 위에 올려 주세요.

딸기 양초 샌드위치

 난이도

 30분

 67만

#달달 #비주얼레시피 #홈파티메뉴

고요한 겨울밤 딸기 양초를 켜 보세요.

크리스마스 분위기와 잘 어울리는 양초 모양 롤 샌드위치입니다.

겨울에 더욱 맛있는 딸기로 촛불을,

달콤한 생크림으로 녹아내리는 촛농을 표현했어요.

INGREDIENT

우유 식빵 6장

생크림 200ml

딸기 14개

설탕 2큰술

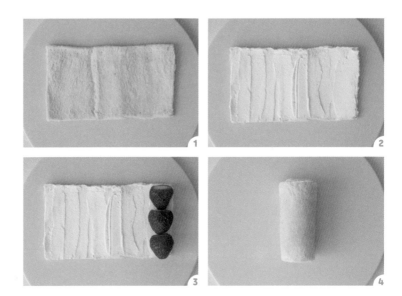

1   식빵 2장의 테두리를 잘라 내고 가운데 부분이 살짝 겹치도록 펼쳐서 밀대로 납작하게 밀어 주세요.

2   생크림에 설탕을 넣고 휘핑해서 식빵 위에 펴 발라 주세요.

      Tip 휘핑한 생크림에 크림 치즈나 연유를 넣으면 더욱 맛있습니다.

3   식빵 끝부분에 딸기를 올려 주세요.

4   돌돌 말아 줍니다.

5 샌드위치를 위생 랩으로 감싸서 냉장고에 30분간 넣어 주세요.

6 샌드위치 길이를 각각 다르게 잘라 줍니다.

7 그릇에 샌드위치를 세워서 담고 샌드위치 윗부분에 생크림을 흐르듯이 올려 주세요.

8 생크림 위에 딸기를 올리면 완성입니다.

눈사람 온천

 난이도 **30분** **262만**   #눈사람의변신 #뜨끈뜨끈 #한그릇메뉴

노곤노곤 온천욕을 즐기는 눈사람 주먹밥입니다.

일본의 오차즈케를 귀엽게 재해석해 보았어요.

어른 메뉴에는 녹차를, 어린이 메뉴에는 보리차를 부어 주세요.

한겨울 추위도 거뜬하게 이겨 낼 수 있답니다.

INGREDIENT

밥 1공기 반(약 315g)
명란젓 2줄
다진 쪽파 2큰술
다진 고추 1/2큰술
통깨 1큰술
참기름 1큰술
당근 10g

김밥김 1장
마요네즈 약간
검은 파스타 면 1/2가닥
루돌프 뿔 픽 2개
케첩 약간
녹차 티백 또는 보리차 티백

1 명란젓을 속만 긁어 내어 그릇에 담고, 다진 쪽파 2큰술, 참기름 1큰술, 통깨 1큰
   술을 넣고 섞어 주세요.

   Tip 어른용에 다진 고추를 1/2큰술 더하면 매콤하게 즐길 수 있습니다.

2 양념한 명란을 밥에 넣어 주먹밥처럼 뭉쳐 줍니다. 사진과 같이 둥근 삼각형의 얼
   굴 1개, 둥글고 납작한 몸 2개, 둥근 발 2개로 뭉쳐 주세요.

3 둥글고 납작한 몸 2개를 먼저 포갠 다음, 둥근 삼각형의 얼굴을 위에 얹어 줍니
   다. 몸 앞쪽에 작은 발을 놓아 주세요.

4 김 펀치로 김을 잘라 눈썹, 눈, 입, 단추를 만들고, 마요네즈를 소량 발라 붙입니다.

5 과도로 당근을 2cm 길이로 길쭉하게 조각해 주세요. 코 위치에 꽂아 줍니다.

6   검은 파스타 면을 살짝 구운 다음 머리에 꽂아 머리카락을 표현해 주세요.

7   루돌프 뿔 픽 2개를 꽂아 팔을 만들어 주세요. 루돌프 뿔 픽이 없으면 납작한 파스타 면이나 링귀니를 갈색빛이 돌 때까지 구운 다음 꽂아 주세요.

8   볼에 케첩을 발라 발그레한 얼굴을 표현합니다.

9   따뜻하게 우린 녹차 또는 보리차를 그릇에 부어 주세요. 어른용에는 녹차를, 어린이용에는 보리차를 이용합니다.

크리스마스트리 전골

난이도   60분   994만   #보글보글 #겨울맞춤 #홈파티메뉴

청경채를 겹겹이 쌓아 만든 크리스마스트리 아래에
두부와 떡갈비 선물이 가득합니다.
산타 할아버지가 준 선물을 풀어 보는 설레는 마음으로 식사할 수 있어요.
크리스마스 파티 메뉴로 추천해요.

INGREDIENT

숙주 100g

배추 100g

표고버섯 3개

두부 800g

부침가루 2/3컵

청경채 100g

익힌 부추 10개

노란색 파프리카 1/3개

빨간색 파프리카 5g

슬라이스 당근 1개

방울토마토 1개

검은깨 4개

무 1/3개

다진 소고기 140g

다진 돼지고기 140g

고기 반죽 양념

간장 2큰술

설탕 1/2큰술

참기름 1/2큰술

다진 마늘 1/2큰술

후춧가루 약간

HOW TO

1   다진 소고기와 다진 돼지고기를 갈아서 섞고, 간장 2큰술, 설탕 1/2큰술, 참기름 1/2큰술, 다진 마늘 1/2큰술, 후춧가루를 조금 넣고 섞어 주세요.

2   두부를 잘라 부침가루를 앞뒤로 묻혀 주세요.

3   팬에 식용유를 넉넉히 두르고 중약불에서 두부를 앞뒤로 노릇노릇하게 구워 주세요.

4   두부 위에 고기 반죽을 올려서 두부로 덮어 줍니다. 익힌 부추로 선물 포장처럼 리본 모양으로 묶어 주세요.

5   무를 갈아서 물기를 뺀 후 동그랗게 뭉쳐 주세요. 빨대로 당근을 찍어서 코를, 검은깨로 눈을 만들고, 방울토마토를 잘라서 모자를 씌웁니다.

6   어묵 꼬치에 청경채를 겹겹이 꽂아 크리스마스트리를 만듭니다. 별모양 쿠키 틀로 파프리카를 찍어 트리 윗부분에 꽂아 주세요. 다진 파프리카는 청경채 트리를 장식하는 오너먼트로 사용할 예정입니다.

7   냄비에 숙주와 자른 배추, 표고버섯을 담고 두부를 냄비 가장자리에 빙 두르듯이 올려 주세요.

8   청경채 트리를 냄비 가운데에 꽂고, 다진 파프리카를 트리 위에 뿌립니다. 트리 앞에 눈사람을 놓아 주세요.

한복 입은 가래떡

난이도 **30분** **483만**

1월 1일 신정맞이 간식을 소개해요.

단아한 채소 한복을 입고 긴 머리를 곱게 땋은 가래떡입니다.

가래떡 아래에 꿀간장을 뿌려 주면 더욱 달콤하게 즐길 수 있어요.

INGREDIENT

가래떡 2개

검은 파스타 면 50-60가닥

노란색 파프리카 1/4개

빨간색 파프리카 1/3개

양배추 1장

익힌 부추 4개

쌈추 1개

무색소 슬라이스 체다 치즈 1장

검은깨 4개

케첩 약간

참기름 약간

꿀간장 소스

간장 1큰술

꿀 1큰술

물 1큰술

HOW TO

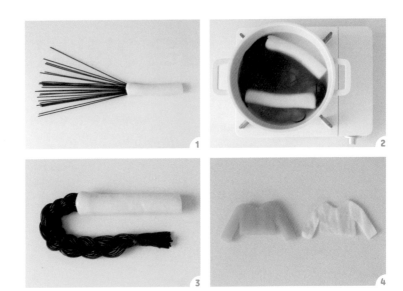

1   가래떡에 검은 파스타 면을 25-30가닥 꽂아 주세요.

2   끓는 물에 면부터 넣어 10분간 삶아 주세요.

3   검은 파스타 면에 실리콘 오일 브러시로 참기름을 바르고 땋아 줍니다. 파스타 면
         의 끝부분을 익힌 부추로 묶어 주세요.

4   노란색 파프리카와 양배추를 사진과 같이 저고리 모양으로 잘라 주세요.

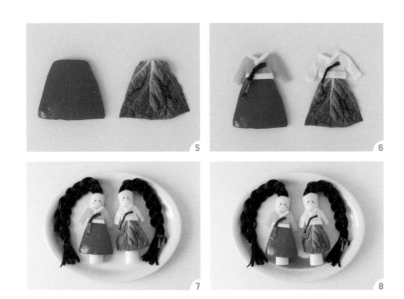

5 　빨간색 파프리카와 쌈추를 사진과 같이 한복 치마 모양으로 잘라 주세요.

6 　한복 고름 모양으로 묶은 익힌 부추를 저고리에 올려 줍니다. 치즈로 깃과 소매를 꾸며 주세요.

7 　3에서 만든 떡 위에 한복을 올리고 검은깨로 눈을, 케첩으로 발그레한 볼을 표현합니다.

8 　물 1큰술, 꿀 1큰술, 간장 1큰술을 섞어 전자레인지에 10초씩 2번 돌린 후 가래떡 아래에 뿌려 주세요.

우리 아이
사계절 별난 밥상

초판 1쇄 발행 2025년 03월 20일

지 은 이   서은지
펴 낸 이   한승수
펴 낸 곳   티나

편   집   구본영
디 자 인   박소윤
마 케 팅   박건원, 김홍주

등록번호   제2016-000080호
등록일자   2016년 3월 11일

주   소   서울특별시 마포구 연남동 565-15 지남빌딩 309호
전   화   02 338 0084
팩   스   02 338 0087
E-mail   hvline@naver.com

I S B N   979-11-88417-67-4 13590